# 有趣的製造

## 日常不簡單

張金妙 滕意 著　何月婷 繪

爺爺，你説牙刷上的毛毛，是怎麼「長」出來的啊？

哈哈，它可不是長出來的。

## 塑膠牙刷柄

做牙刷柄的塑料小顆粒一般是聚乙烯，將它們加熱熔化後注入模具

再給牙刷柄裹上一層防滑塑膠。

## 植入牙刷毛

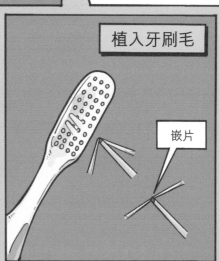

嵌片

## 修整牙刷毛

牙刷毛先被剪平整，再被修剪成鋸齒狀。

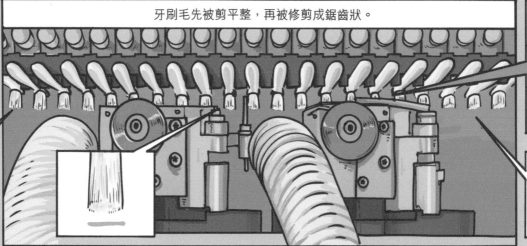

4

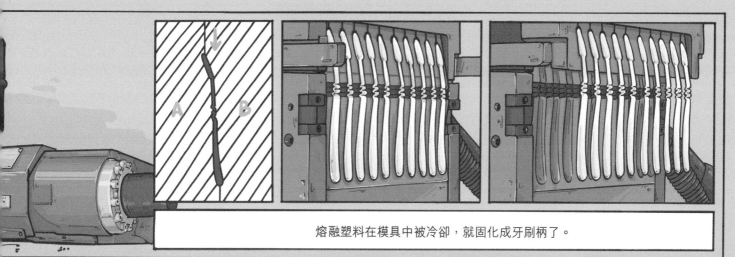

熔融塑料在模具中被冷卻，就固化成牙刷柄了。

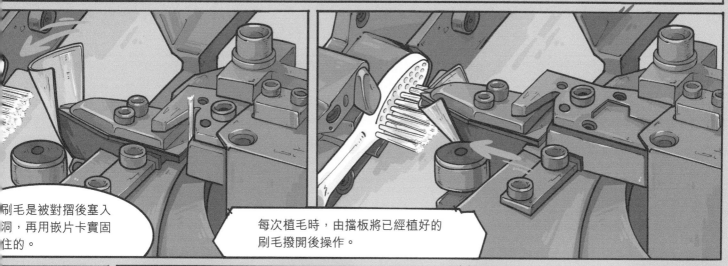

刷毛是被對摺後塞入洞，再用嵌片卡實固住的。

每次植毛時，由擋板將已經植好的刷毛撥開後操作。

最後通過旋轉打磨，將每一根牙刷毛都處理成不傷牙齦的圓頭。

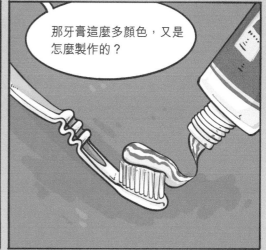

那牙膏這麼多顏色，又是怎麼製作的？

彩條牙膏啊！

切開來看，牙膏裏的顏色已經被分好了。

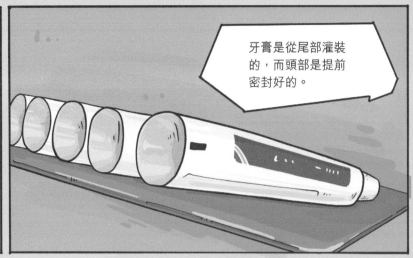

牙膏是從尾部灌裝的，而頭部是提前密封好的。

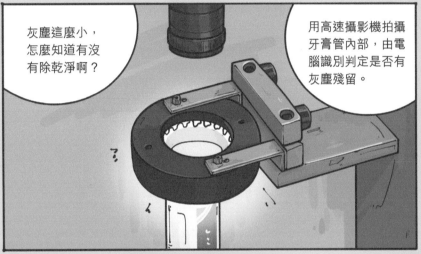

灰塵這麼小，怎麼知道有沒有除乾淨啊？

用高速攝影機拍攝牙膏管內部，由電腦識別判定是否有灰塵殘留。

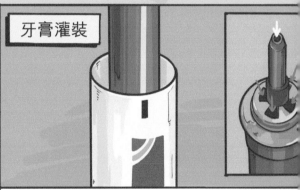

牙膏灌裝

不同顏色的牙膏分成多路，進入特殊的灌裝頭後，再一起被擠出。

轉動牙膏管，在識別到小色塊時停止旋轉。

原來小色塊是用來幫助找到正確位置的啊！

牙膏管密封

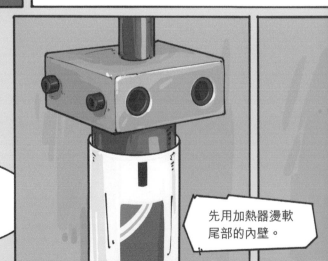

先用加熱器燙軟尾部的內壁。

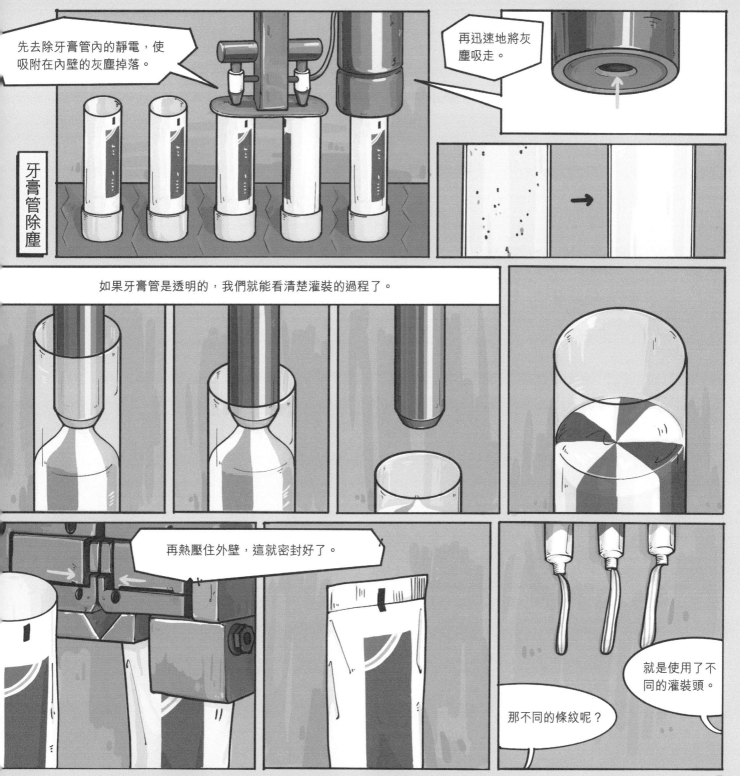

棉線染色

爺爺，毛巾為甚麼是毛茸茸的？

帶你看看它是怎麼織出來的。

經過漂白的棉線，需要先裹上一層能提高強度的漿料。

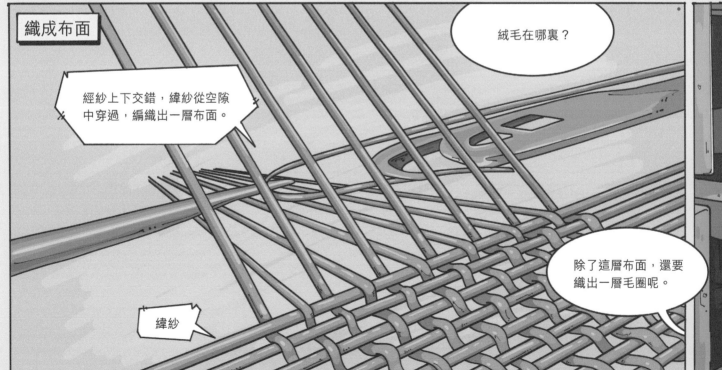

織成布面

經紗上下交錯，緯紗從空隙中穿過，編織出一層布面。

緯紗

絨毛在哪裏？

除了這層布面，還要織出一層毛圈呢。

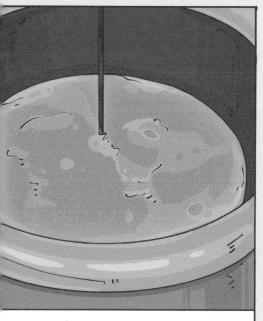

之後進行染色。

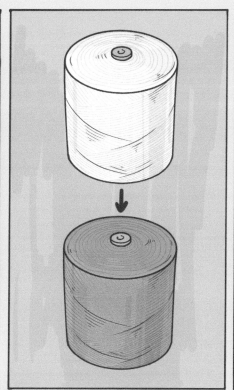

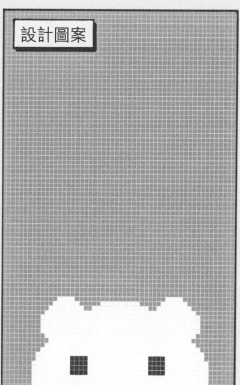

設計圖案

結成毛圈

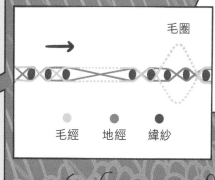

毛圈

毛經　　地經　　緯紗

當緯紗被推動着去跟毛經和地經交匯固定，較寬鬆的毛經就被拱成了毛圈。

經紗包括地經和毛經。地經和緯紗用來交織成布面；毛經和緯紗則編織出毛圈。

可是我的毛巾上沒有毛圈，而是短短的毛毛啊？

別着急，如果是割絨毛巾，製作還沒完呢。

9

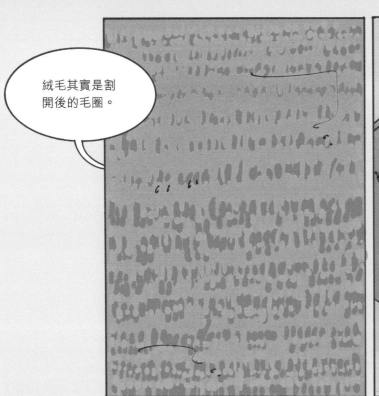

絨毛其實是割開後的毛圈。

清潔烘乾

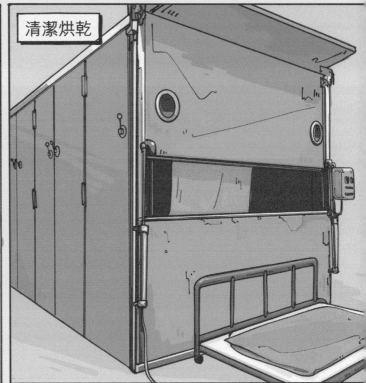

裁切成條

縱切成長條的毛巾布。

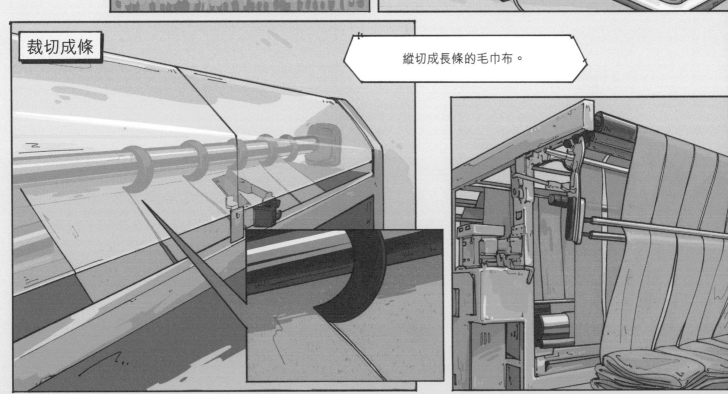

割絨處理

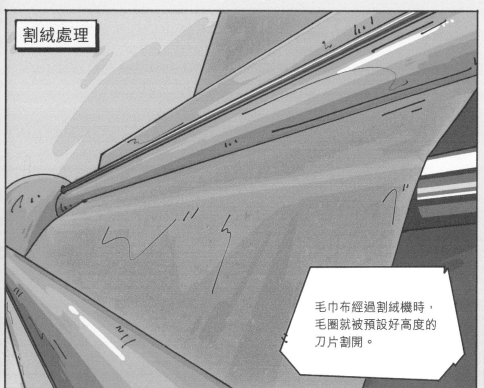

毛巾布經過割絨機時，毛圈就被預設好高度的刀片割開。

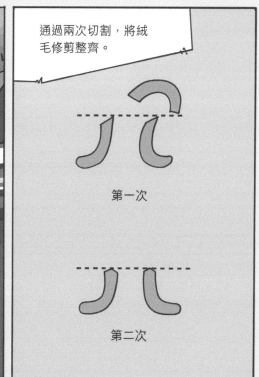

通過兩次切割，將絨毛修剪整齊。

第一次

第二次

鎖邊防散

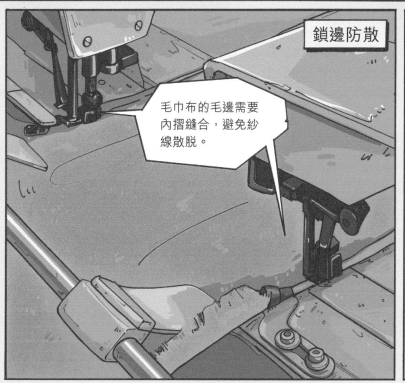

毛巾布的毛邊需要內摺縫合，避免紗線散脱。

再橫切後鎖邊，一條耐用又柔軟的毛巾就做好了。

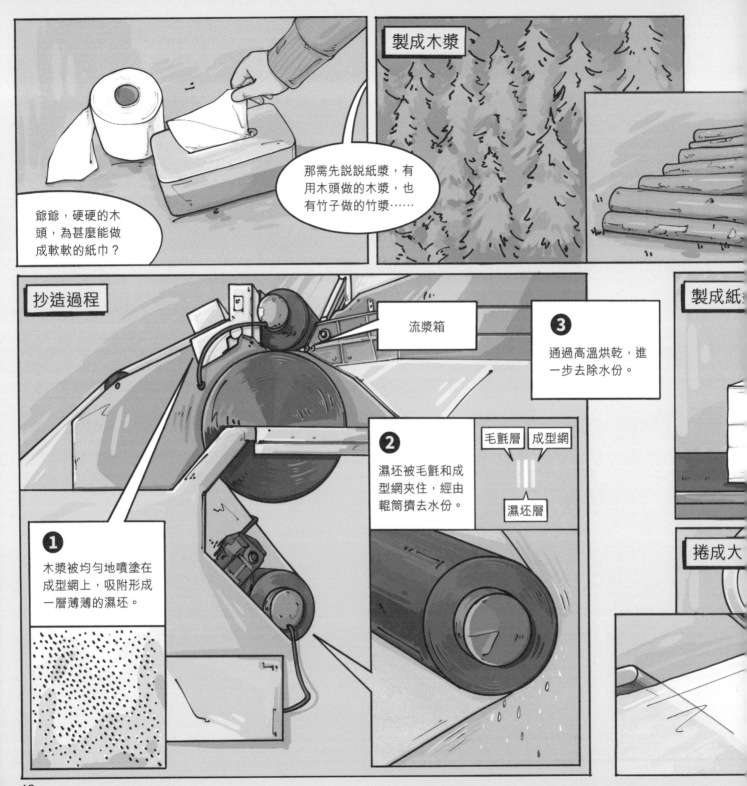

林場把樹木
□成好運輸的
□段,送去造
□廠。

削去樹皮後的木段被磨成木屑。

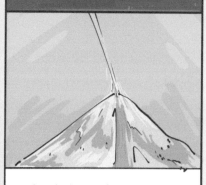

木屑加水再混合化學用品,經過高溫高壓的蒸煮,就得到了褐色的原木漿。

再經過漂白和清洗,就得到了白色的木漿。

裁成片後堆疊擠壓,就獲得了一摞紙漿片。

### 重製紙漿

為了讓內部纖維分佈得更均勻,需要再次將紙漿加水和澱粉打散後強化纖維,並重新抄造。

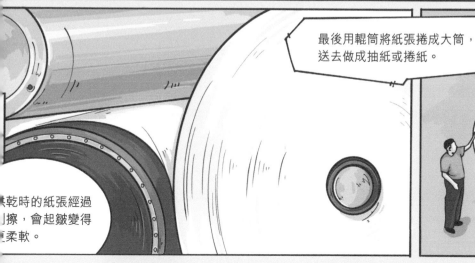

最後用輥筒將紙張捲成大筒,送去做成抽紙或捲紙。

□乾時的紙張經過
□擦,會起皺變得
□柔軟。

咦？紙巾上還有花紋？

秘密馬上揭曉！

**疊放紙巾**

將兩筒紙捲展開後合二為一，先做成雙層紙巾。

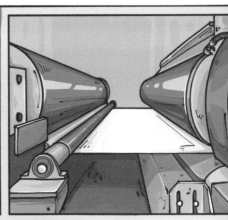

**製成捲紙**

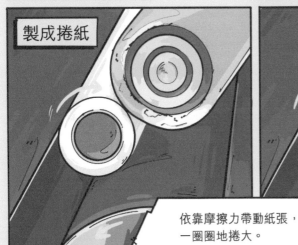

依靠摩擦力帶動紙張，一圈圈地捲大。

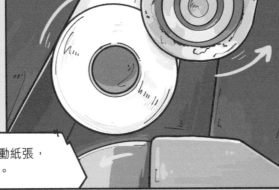

捲到一定厚度再將紙裁開，就獲得了一筒超長捲紙。

**製成抽紙**

抽紙其實是疊出來的。

在抽紙摺疊機的左右各有一筒紙捲，分別被切成條狀。

摺疊機內部

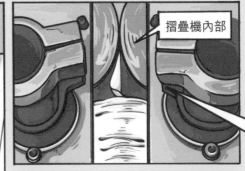

左插一張右插一張交替着疊了抽紙。

來看看抽的截面圖

## 紙巾壓花

壓花使紙巾美觀又柔軟，也可以讓雙層紙張不易分離。

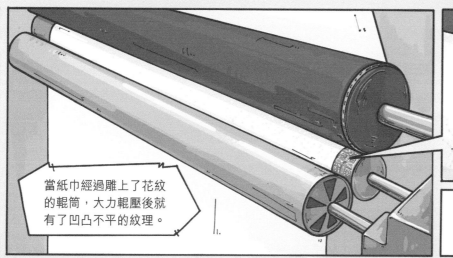

當紙巾經過雕上了花紋的輥筒，大力輥壓後就有了凹凸不平的紋理。

有時為了使多層紙更貼合，會刷上小量的膠水。

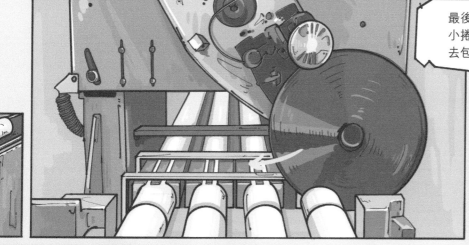

最後切分成一筒筒小捲紙，就可以送去包膠了。

在疊出一定抽數後，送去分切。

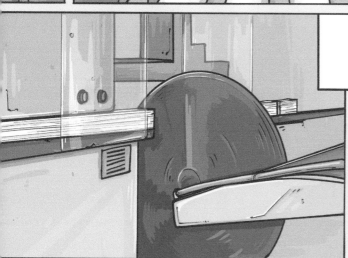

裁開

單獨封裝後，就是一包包的抽紙啦！

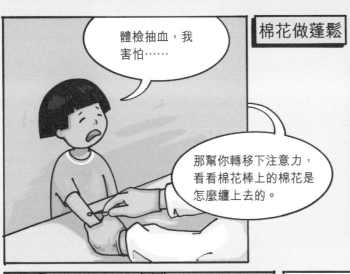

體檢抽血，我害怕……

那幫你轉移下注意力，看看棉花棒上的棉花是怎麼纏上去的。

**棉花做蓬鬆**

棉花經過攪棉機被打散。

**捻成棉繩**

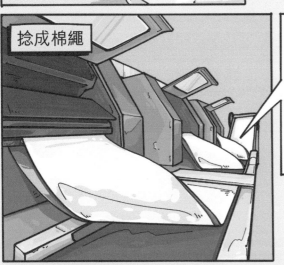

將多層棉網疊在一起。

再裁成窄條，捻成棉繩。

接下來看怎麼把棉花纏上去！

**消毒包裝**

捲好的棉花棒還需要噴灑上消毒液。

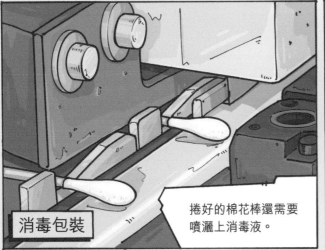

鬆散的棉花
住後帶進開
機。

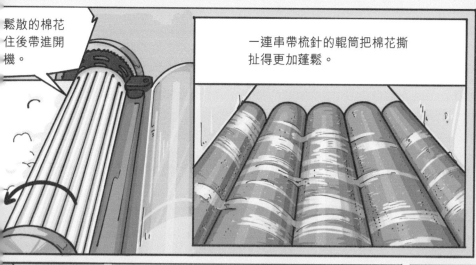

一連串帶梳針的輥筒把棉花撕
扯得更加蓬鬆。

最後從輥筒上梳理下來的棉
花，就是薄薄一層棉網了。

木棒纏棉花

木棒被轉盤上的凹
槽卡住後移走。

沾上膠水，纏上
一小段棉繩。

將捲上的棉花對
摺後，再繼續捲
圓潤。

次用有凹槽
轉盤將棉花
排成一列，
於包裝。

一定量的棉花
棒被推入袋
中，經過熱壓
密封和殺菌，
就能出廠了。

還挺有意思呢！

17

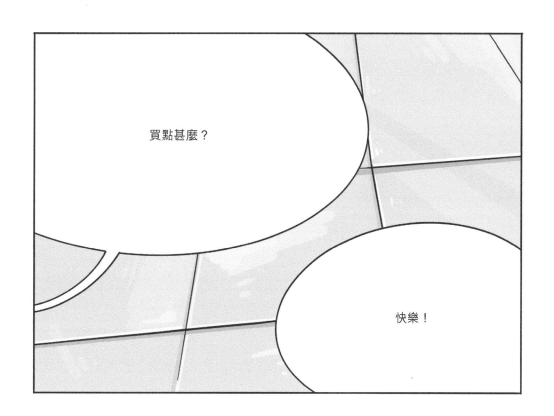

還真有……給你講講哈密瓜怎麼切。

爺爺，你說切水果，有沒有流水線啊？

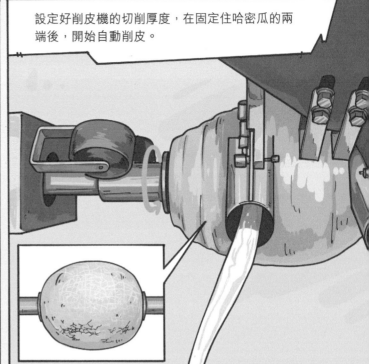

設定好削皮機的切削厚度，在固定住哈密瓜的兩端後，開始自動削皮。

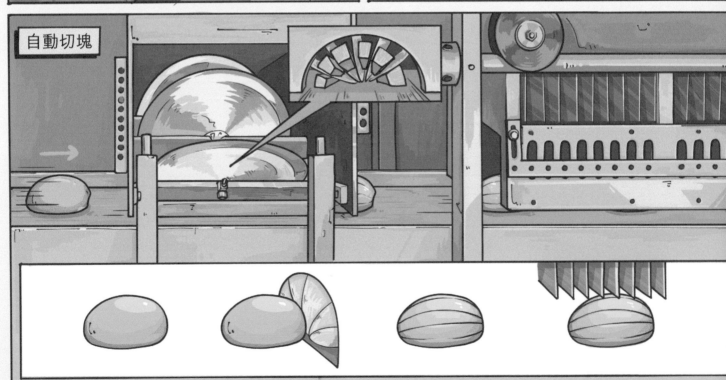

自動切塊

自動削皮

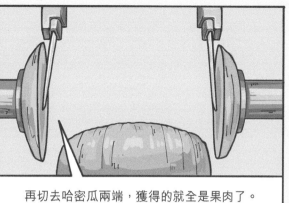

再切去哈密瓜兩端，獲得的就全是果肉了。

用刮瓤勺將果肉的內瓤去除後，
由負壓管道直接吸走。

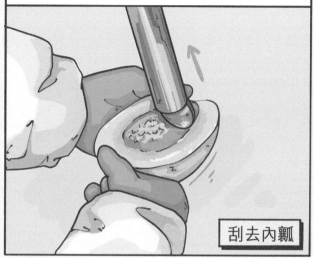

刮去內瓤

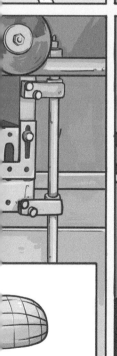

還有西瓜和菠蘿，也可以這
麼去皮和切塊喲！

爺爺,牙籤是怎麼做
出尖頭的啊?

帶你來參觀一下。

泡軟木段

木頭被截短後,削去樹皮,再放入熱水中泡軟。

裁好的小木片經過烘乾,曲面就變平整了。

送熱風

烘乾前 　　烘

烘箱

裁成木片

牙籤造型

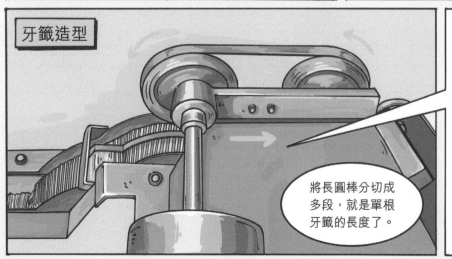

將長圓棒分切成
多段,就是單根
牙籤的長度了。

短圓棒被帶動着轉動,由斜置的
旋轉刀片削尖。

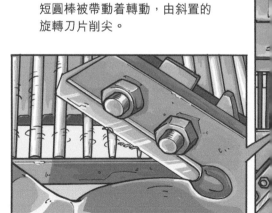

## 削成薄板

趁熱將木段削成連續的薄板。

厚約3毫米。

## 刨成圓棒

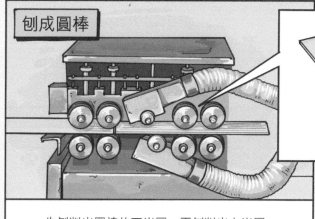

先刨削出圓棒的下半圓，再刨削出上半圓。

用砂帶把圓棒打磨光滑。

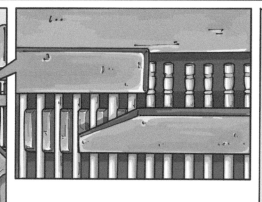

同時由銼刀打磨出牙籤尾部的造型。

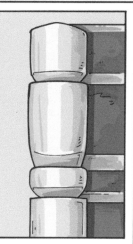

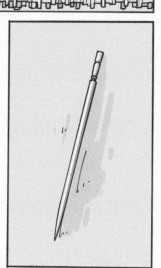

最後用砂帶打磨尖頭，牙籤就完成了！

切半

擠壓

過濾

槽輪

凸輪

這種橙汁真是鮮榨的啊？

我們買一杯看看製作過程吧

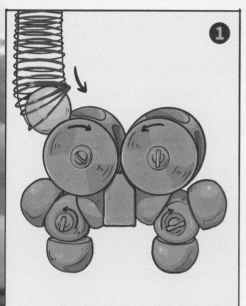

① 橙子落入槽輪的凹槽內。

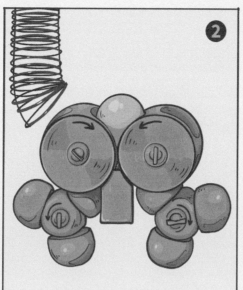

② 先被轉到中間位置。

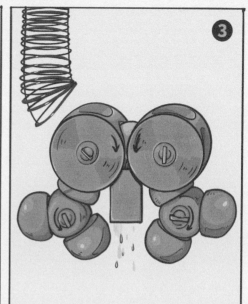

③ 再被推向刀頭，切成兩半。

④ 下方的凸輪壓向凹槽中的
半個橙子，擠出果汁。

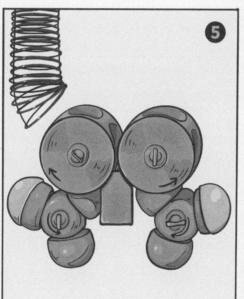

⑤ 果汁中混入的果肉，會被
托盤過濾掉。

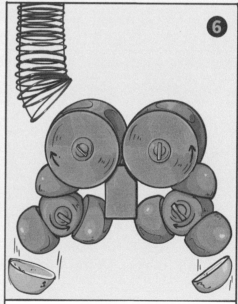

⑥ 果皮先被凸輪接住，再掉進兩
側的垃圾桶中。

爺爺，這種榨汁機裏的橙汁，乾不乾淨啊？

當然要提前洗好再榨汁！

初次漂洗

橙子在清水中浸泡，洗去浮塵。

清水噴淋，徹底沖洗乾淨。

用風扇將橙子吹乾。

再次沖洗

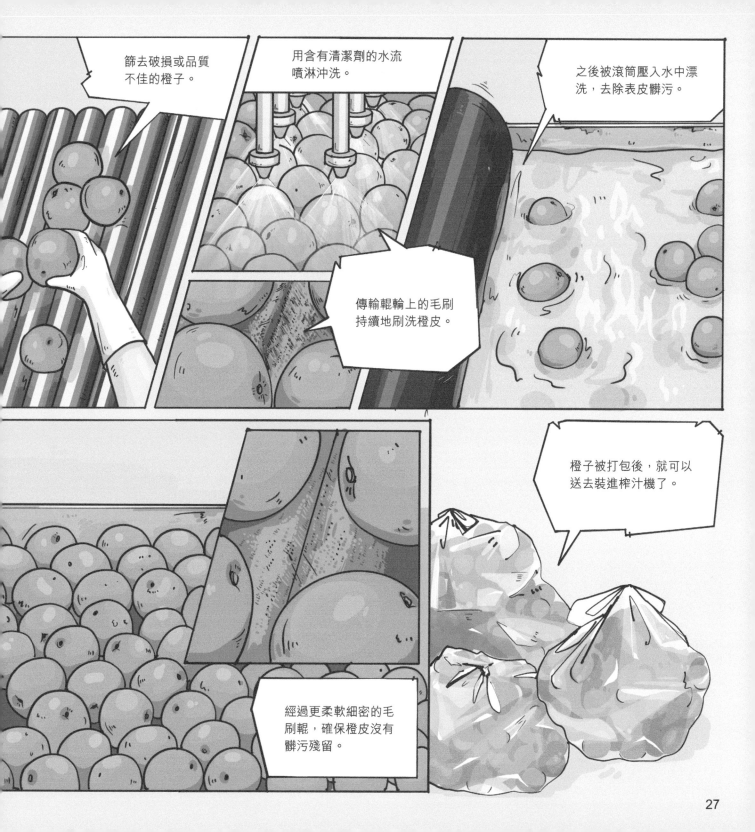

朱古力外殼

要先做好裏面的奶油糕體，再裹上朱古力。

爺爺，這種有朱古力外殼的雪糕是怎麼做的？

通常有兩種方法！

### 切出糕體

給擠出的成型糕體插上木棍。

### 凍成糕體

將雪糕漿注入模具。

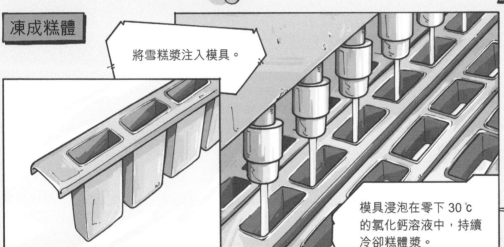

在水裏加氯化鈣可以降低冰點，讓水在零下也能保持液態。

模具浸泡在零下 30 ℃ 的氯化鈣溶液中，持續冷卻糕體漿。

### 朱古力外殼

讓糕體在融化的熱朱古力液中迅速地蘸一下。

### 果仁碎外殼

接着用電熱絲橫着切成單份。

敲擊傳送帶,靠振動防止糕體黏連。

這種做法好聰明啊!

等糕體漿凝固後,在模具下方噴溫水以便脫模。

在糕體漿還沒完全凝固時插入木棍。

趁朱古力未凝固,還可以再蘸上一層碎果仁,就可以送去包裝啦!

那冰殼雪糕的做法呢?

冰外殼

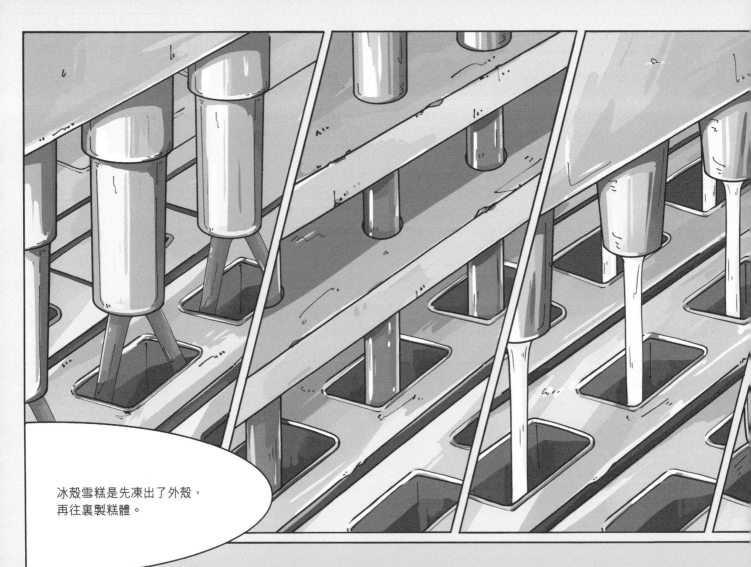

冰殼雪糕是先凍出了外殼，
再往裏製糕體。

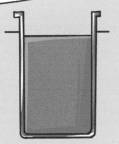

模具中注入糖漿水，
開始冷凍。

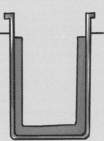

等凍出了一層冰殼，把還
未凝固的糖漿水抽走。

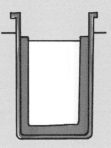

在冰殼中注入糕體漿，
持續冷凍。

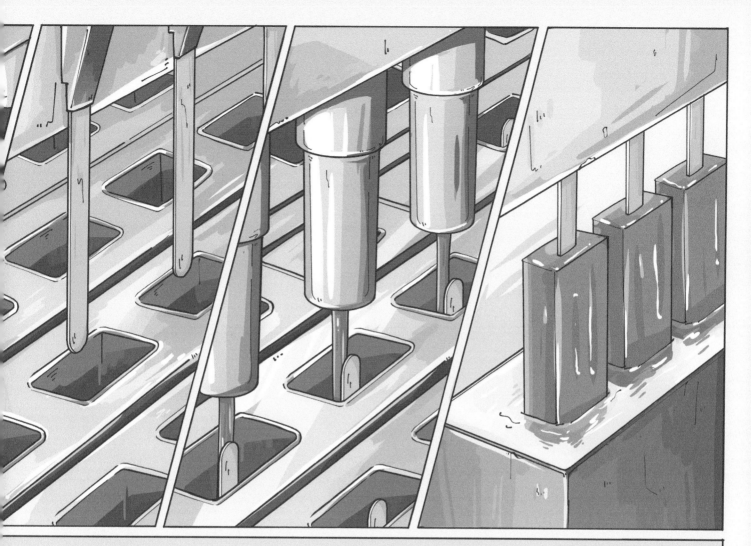

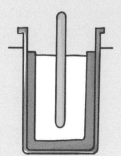

在糕體漿半凝固時，插入木棍。

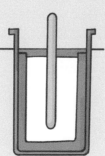

再注入一層糖漿水，
徹底冷凍。

脫模後的雪糕沾一下冰水，形成
的冰霜能防止黏住包裝紙。

爺爺，這種石頭球是怎麼做出來的？

攔汽車的路障石，一般分兩種。

水泥澆築球

一種是向模具裏澆築水泥做成的實心球。

花崗岩做球

選擇尺寸合適的花崗岩。

另一種是用整塊的天然石材製成的。

用鋸片將石材外部切分成多層。

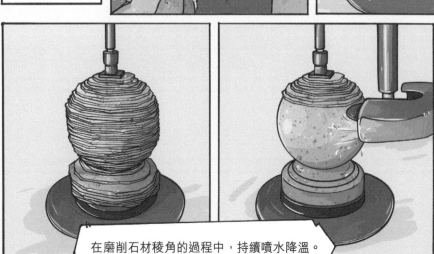

在磨削石材稜角的過程中，持續噴水降溫。

34

爺爺！肥皂上的字是怎麼弄上去的啊？

其實是壓出來的。

製成皂液

動植物脂肪
氫氧化鈉
水

邊加熱邊攪拌，好讓原料充份反應，製成皂液。

攪拌肥皂

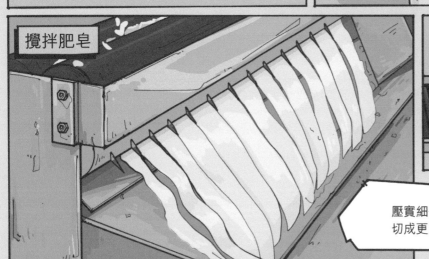

壓實細條肥皂後，切成更寬的條狀。

擠壓寬條肥皂，用放刀片切成顆粒狀。

擠出成型的長條肥皂，切割成塊。

模壓肥皂

趁肥皂還沒完全變硬，推進橢圓形模具中。

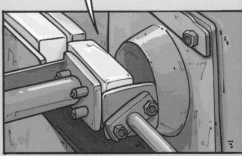

皂液會逐漸變稠。

冷卻皂液

將皂液倒在金屬輥筒上冷卻，再刮成細條。

加入精油、香料攪拌，再次擠壓後切成小顆粒。

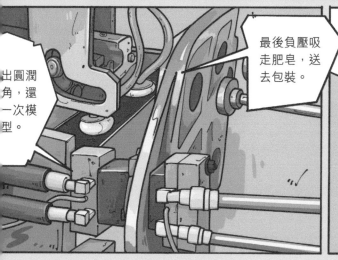

最後負壓吸走肥皂，送去包裝。

出圓潤
角，還
一次模
型。

就是先做成長方體，再變成橢圓柱，最後是橢球！

搓了肥皂後，要搓洗 20 秒，才能把手洗乾淨喲！

所以，字是在最後被壓出來的！

37

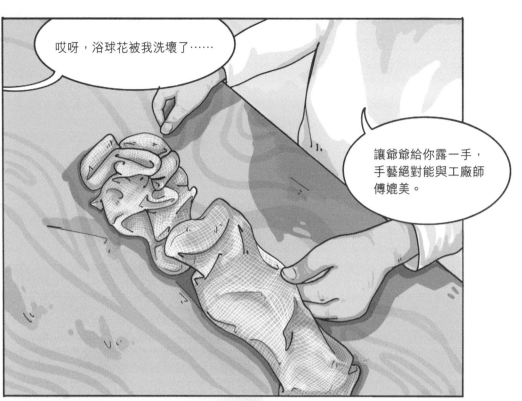

哎呀，浴球花被我洗壞了⋯⋯

讓爺爺給你露一手，手藝絕對能與工廠師傅媲美。

## 筒狀網套

浴球花還沒被扎住前，是一條長筒狀的網套。

## 扯套成花

**1** 先把網套推到棍子頂端。

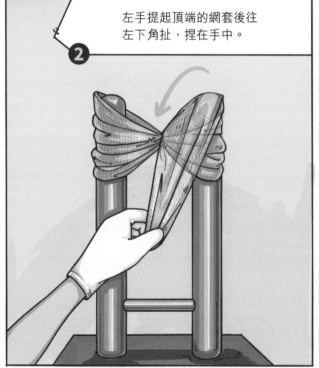

左手提起頂端的網套後往左下角扯，捏在手中。

**2**

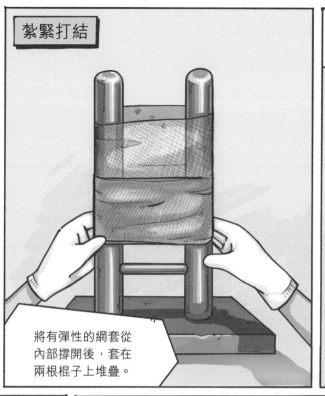

紮緊打結

將有彈性的網套從內部撐開後，套在兩根棍子上堆疊。

用繩子在網套中間紮緊，再打上結。

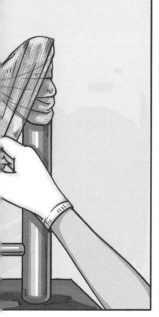

右手捏住另一側頂端的網套，往右下角扯。

左手再將頂端的網套向左下角扯。

**4**

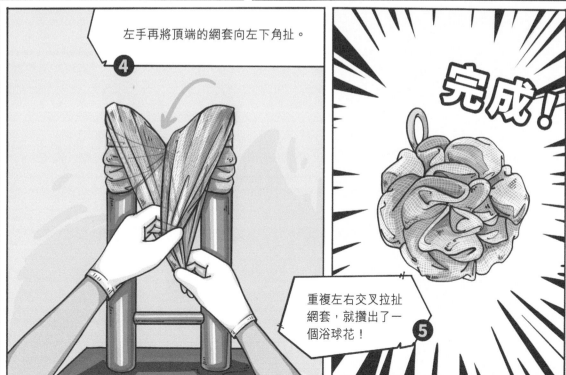

完成！

重複左右交叉拉扯網套，就攢出了一個浴球花！

**5**

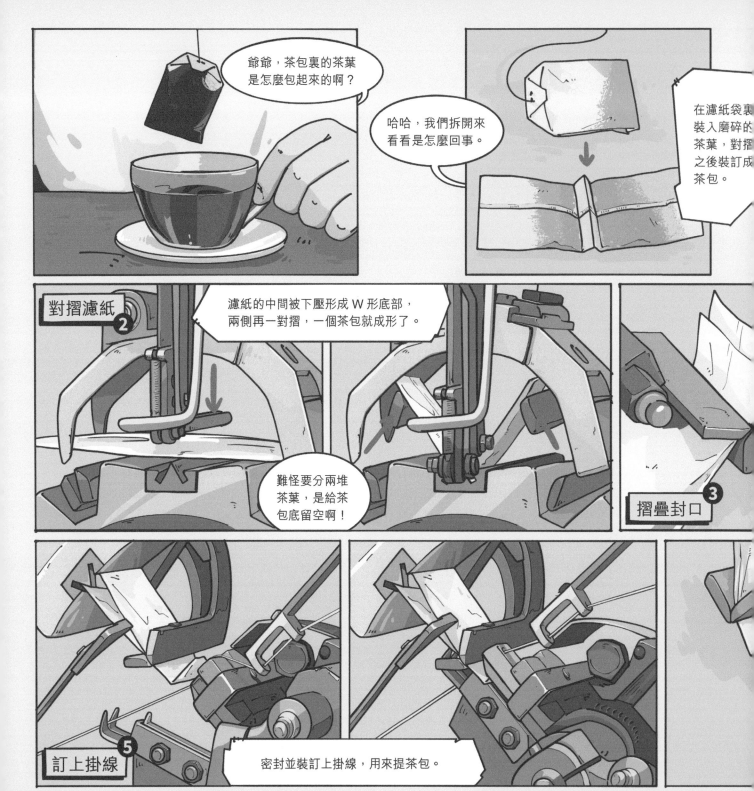

爺爺，茶包裏的茶葉是怎麼包起來的啊？

哈哈，我們拆開來看看是怎麼回事。

在濾紙袋裏裝入磨碎的茶葉，對摺之後裝訂成茶包。

對摺濾紙

②

濾紙的中間被下壓形成 W 形底部，兩側再一對摺，一個茶包就成形了。

難怪要分兩堆茶葉，是給茶包底留空啊！

摺疊封口

③

訂上掛線

⑤

密封並裝訂上掛線，用來提茶包。

濾紙包茶葉 1

再被封邊包裹住茶葉。

鋪上碎茶葉的濾紙會逐漸收攏。

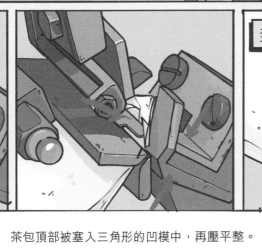

封口內摺 4

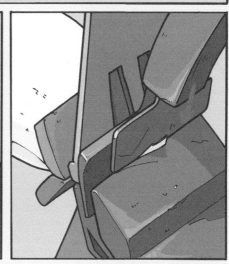

茶包頂部被塞入三角形的凹模中，再壓平整。

剪斷一側掛線後，完成！

裝了碎茶葉的濾紙被包裝機帶着轉個圈，就做成了茶包。

泡茶時，先倒熱水再放茶包，它就不容易浮起來了喲！

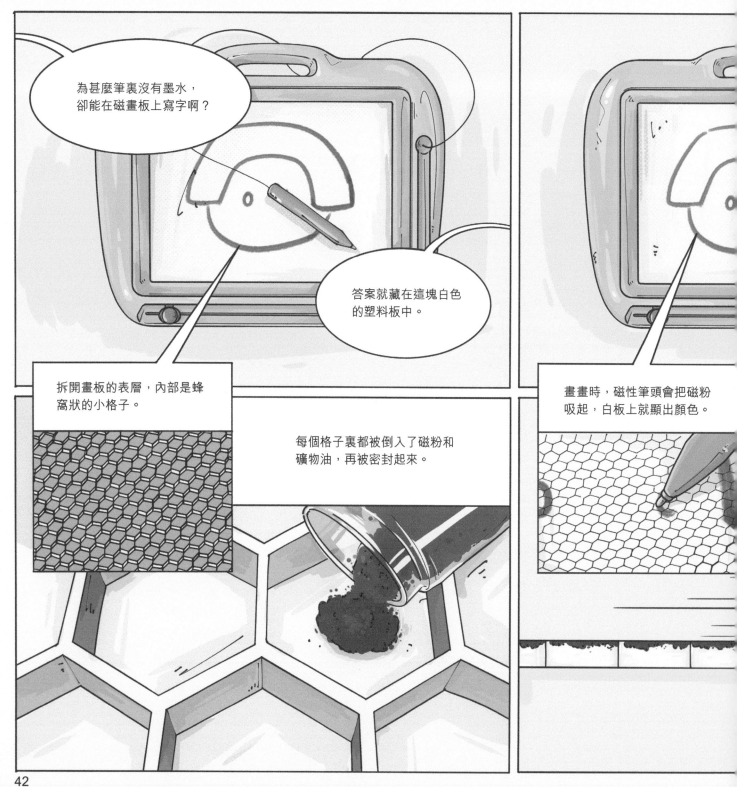

為甚麼筆裏沒有墨水，卻能在磁畫板上寫字啊？

答案就藏在這塊白色的塑料板中。

拆開畫板的表層，內部是蜂窩狀的小格子。

每個格子裏都被倒入了磁粉和礦物油，再被密封起來。

畫畫時，磁性筆頭會把磁粉吸起，白板上就顯出顏色。

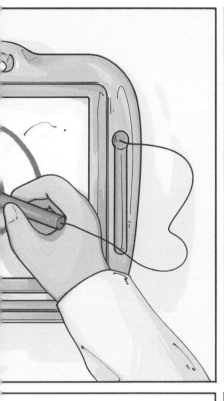

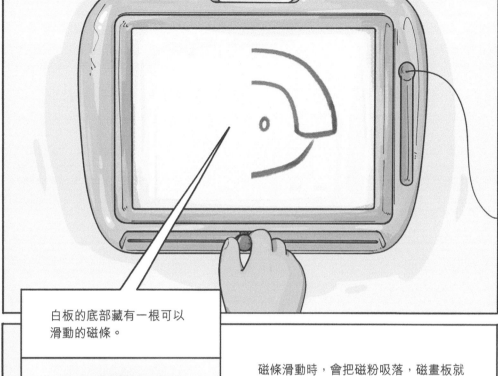

白板的底部藏有一根可以滑動的磁條。

由於礦物油比較黏稠，即使筆頭離開磁畫板，磁粉依然不會掉落。

磁條滑動時，會把磁粉吸落，磁畫板就潔白如新了。

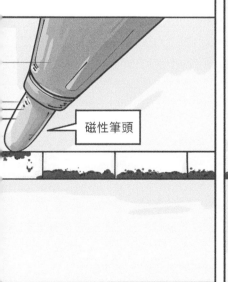

磁性筆頭

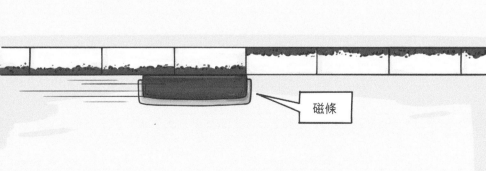

磁條

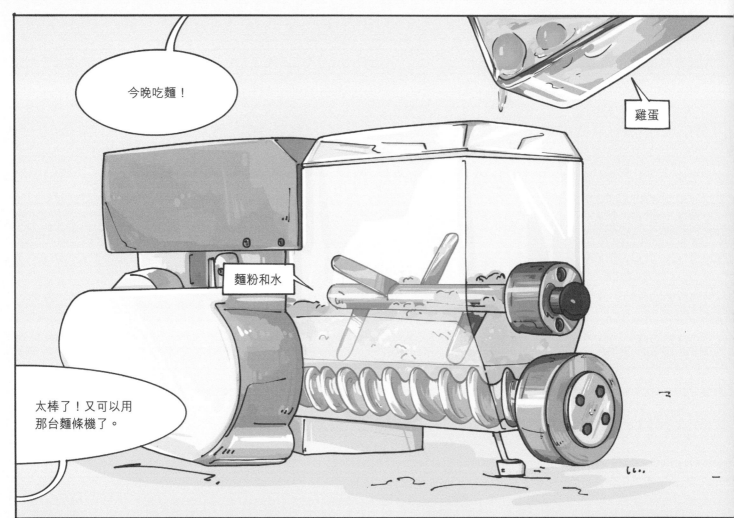
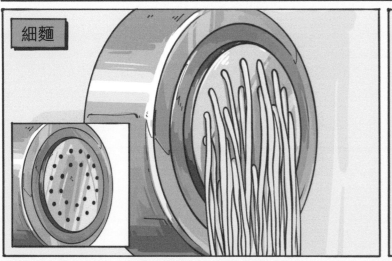
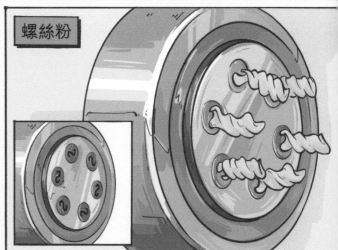

自動攪拌

攪拌成黏度適中的麵團。

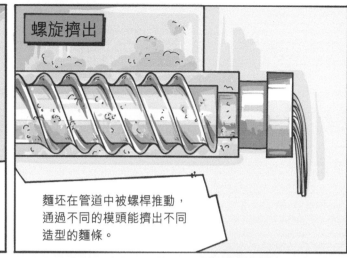

螺旋擠出

麵坯在管道中被螺桿推動，通過不同的模頭能擠出不同造型的麵條。

更換模頭

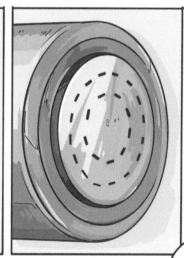

寬麵

長的麵條直接剪斷，想吃短的就切一下。

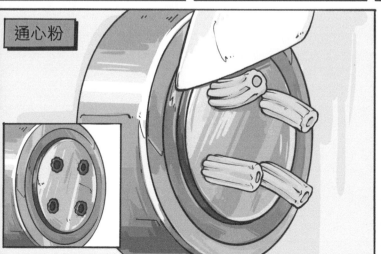

通心粉

煮麵去咯！

這個木碗的紋路是連着的，它是從樹椿裏挖出來的嗎？

對呀，有兩種挖法。

一種方法做出來的木碗，大小都一樣。

套旋木碗

當木段被帶動着旋轉時，先用挖刀掏出第一個木碗。

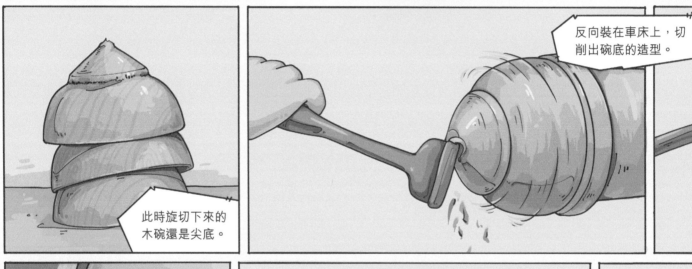

此時旋切下來的木碗還是尖底。

反向裝在車床上，切削出碗底的造型。

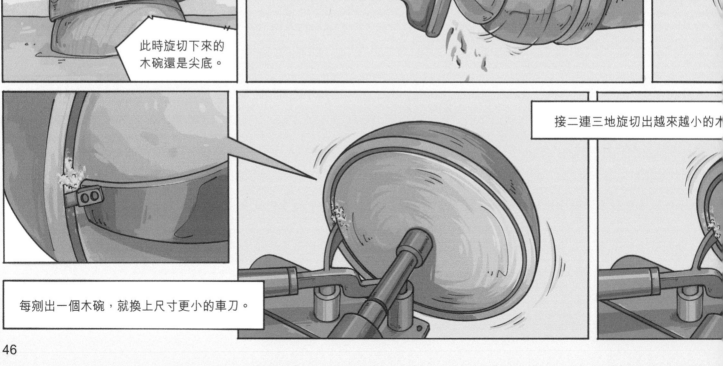

每剶出一個木碗，就換上尺寸更小的車刀。

接二連三地旋切出越來越小的木

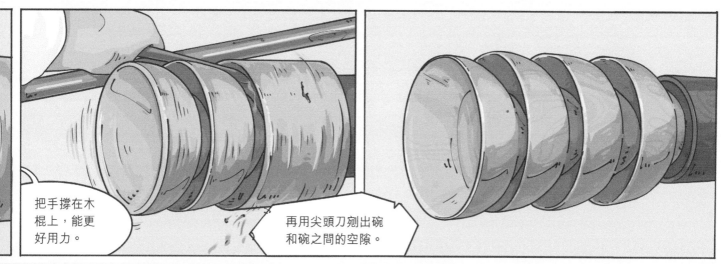

把手撐在木棍上，能更好用力。

再用尖頭刀剜出碗和碗之間的空隙。

做成高腳的碗底，端飯時還能防燙手。

套裝木碗

另一種方法是用更粗的木樁，做成大碗套小碗。

在木樁旋轉時，讓特殊的弧形車刀逐漸深入，剜出圓底的木碗。

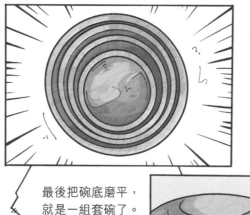

最後把碗底磨平，就是一組套碗了。

這一套木碗就像一家人啊！

爺爺，蚊香怎麼都是兩盤合在一起的？

這樣不容易變形，而且一次就能生產兩盤。

以前蚊香的驅蚊成份提取自天然的除蟲菊，現在大多是化學合成的。

混合原料

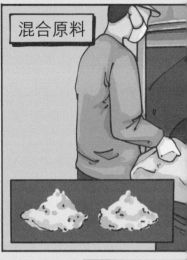

衝模蚊香圈

用特殊的模具衝壓，從坯料上切下蚊香圈。

衝模狀態

轉移蚊香圈

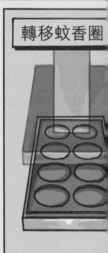

乾燥定型

包裝和包膠

疊成一摞後，附上金屬支撐架，就可以送去包膠啦！

丙烯菊酯
黏合劑
植物粉末
水
顏料

將各種原材料混合，
用輪碾機攪打擠壓。

## 壓延成型

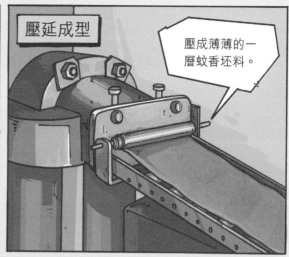

壓成薄薄的一
層蚊香坯料。

## 推出蚊香圈

脫模狀態

一次製成兩盤
相嵌的蚊香。

## 拆分使用

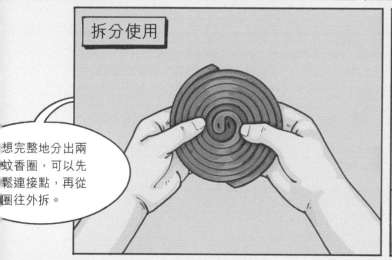

想完整地分出兩
蚊香圈，可以先
鬆連接點，再從
圈往外拆。

我喜歡夏天，
除了蚊子！

49

# 創作者説

在文明與科技越發進步的現代，我們每天享受着日常的便利，但卻很少會去注意，這些生活中觸手可及的物品其實每一件都歷經迭代，蘊含着人類思考和實踐的智慧。

比如你正在閱讀的這段話的載體，可能是紙質圖書中的一頁，也可能是電腦的液晶顯示器，還可能是智能手機的屏幕，那圖書是怎麼印製出來的？顯示器和手機屏幕又是從何而來？你端起了手邊的茶杯，這又是怎麼從黏土變成的瓷器？你推了推眼鏡架，不禁思考起鏡片為何如此剔透……

我們正逐漸失去對真實世界最直接的感知，「知其然，不知其所以然」的境況在蔓延，並悄悄吞噬着人類的好奇。假如對日常生活不假思索地抱有理所當然的態度，便會迷失在種種唾手可得的「結果」裏。怎樣才能激活我們對現代生活另一層的豐富感知、重建對世界的熱忱與好奇呢？

那就要重新發現「過程」的意義，這正是這套書希望做到的。

這套書的創作過程，最初源於兩個問題：我們想讓自己的孩子怎樣認識世界？應該陪孩子共讀一本怎樣的書？後來我們形成了一個共識：不僅是孩子，成年人對生活的好奇，也不會因為年歲漸長而消失，而是累積成記憶深處的「童年迷思」。過去五年，我們在「有趣的製造」公眾號上收集着大朋友和小朋友散落的好奇心。正是基於這些積累，這套書會揭秘生活中常見物品的製作過程，展現令人意外和驚喜的生產過程。

我們希望提供一個關注過程的獨特視角：挖掘常見事物中不常見的那一面，激起對日常的疑問，延續對生活的好奇。重要的是，讓大家在解除困惑的同時，收穫「原來如此」和「竟然這樣」的驚喜與快樂，獲得一種基於邏輯的趣味，進而培養一種獨特的研究能力——通過知悉製造去學習如何創造。

我們用漫畫的形式去表達物品的製造流程，是為了讓硬邦邦的內容足夠有趣。漫畫是互動的藝術，它可以讓我們去自行聯想下一場景的動作；它也適合在靜態畫面中表現動態場景，正適合流水線上的生產；它也能通過連續的畫格展現出某個動態的發生過程和場景的轉變。在內容的安排上，我們盡量在每一對開頁展示一個物品的生產過程，且顏色也與該物品本身相關聯，使閱讀更加場景化。同時，每一篇盡量配搭不同色調，也能明確劃分不同物品的生產流程，使每一次的翻頁都帶來新鮮感。

這套書是我們思考「世界要往何處去」的一次實踐，獻給所有對世界充滿好奇的人。它表面上展現不同物品的製作過程，實際上帶你發現日常生活的一個隱秘層面，幫你建立起和世界的聯繫，這才是我們認為的「有趣」。期待你在閱讀中感到愉悅和興奮，不知不覺間收獲新知和啟發。

金妙　滕意　月婷

2022 年 11 月

特別感謝參與上色工作的插畫師
趙安玲、吳雨霏、周羽薑
願意和我們一起推進這本書的面世

# 物從何處來？
# 有圖有真相！

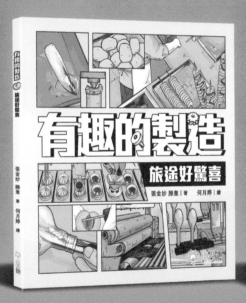

★完全滿足大人與小孩好奇心的造物小百科！

★讓你一圖讀懂萬物製造的秘密！

《有趣的製造》一套三冊，每本選取來自日常生活、校園、旅途中常見的百餘個物件，用五十多張跨頁大圖和簡單易懂的文字，展示每個物品最關鍵的生產步驟，拆解太陽眼鏡、雪條、足球、鉛筆等用品的製造過程。

每種物品都融合了各種學科的應用知識，將複雜的工業生產過程精簡成一組組清晰生動的可愛圖畫，是結合科學與藝術之作。

**那些讓孩子感到好奇、大人無法解答的問題，都能在這本書裏找到答案！**

**著者**

> 我怎樣展現常被忽略的「過程」的意義呢？就是這本書誕生之初的靈感：一場有關來龍去脈的設計，一種以趣味啟動的生活隱藏圖景。

**張金妙**

機械設計學士，倫敦大學金匠學院（University of London, Goldsmiths）實踐設計碩士。正在探索跨媒介創新的可能性（教育、遊戲、圖像小說等）。

> 不過我發現，追尋物品製作背後的真相就像調查的過程，大大滿足了我的探究之心。希望這本書也能滿足大家的好奇心。

**滕意**

本科學自動化，碩士學電子。小時候想當偵探，長大也努力過了法考，卻還在繼續當上班族。

**繪者**

> 想用畫筆向所有人展示工業的趣味，便有了這次藝術與製造結合的美學實踐。以為「製造」才是重點，其實「有趣」才是，都在畫裏了。

**何月婷**

畢業於中國美術學院工業系。看天氣拍照的攝影愛好者，看心情畫畫的插畫家，靠手藝吃飯的設計師。

書　　名　有趣的製造：日常不簡單
作　　者　張金妙　滕意
插　　圖　何月婷
責任編輯　王穎嫻
美術編輯　蔡學彰
出　　版　小天地出版社（天地圖書附屬公司）
　　　　　香港黃竹坑道46號新興工業大廈11樓（總寫字樓）
　　　　　電話：2528 3671　　　　傳真：2865 2609
　　　　　香港灣仔莊士敦道30號地庫（門市部）
　　　　　電話：2865 0708　　　　傳真：2861 1541
印　　刷　點創意（香港）有限公司
　　　　　新界葵涌葵榮路40-44號任合興工業大廈3樓B室
　　　　　電話：2614 5617　傳真：2614 5627
發　　行　聯合新零售（香港）有限公司
　　　　　香港新界荃灣德士古道220-248號荃灣工業中心16樓
　　　　　電話：2150 2100　　　　傳真：2407 3062
出版日期　2024年6月初版·香港